AF144075

BEI GRIN MACHT SICH IHR
WISSEN BEZAHLT

- Wir veröffentlichen Ihre Hausarbeit,
  Bachelor- und Masterarbeit

- Ihr eigenes eBook und Buch -
  weltweit in allen wichtigen Shops

- Verdienen Sie an jedem Verkauf

Jetzt bei www.GRIN.com hochladen
und kostenlos publizieren

Merle Umnirski

"Der Jumbo- Jet" und "Ein Jumbo auf dem Schulhof" - Zwei Unterrichtsversuche aus dem Mathematikunterricht

GRIN Verlag

Bibliografische Information der Deutschen Nationalbibliothek:

Die Deutsche Bibliothek verzeichnet diese Publikation in der Deutschen National-
bibliografie; detaillierte bibliografische Daten sind im Internet über http://dnb.d-
nb.de/ abrufbar.

Impressum:

Copyright © 2007 GRIN Verlag GmbH
Druck und Bindung: Books on Demand GmbH, Norderstedt Germany
ISBN: 978-3-640-35485-6

Dieses Buch bei GRIN:

http://www.grin.com/de/e-book/128909/der-jumbo-jet-und-ein-jumbo-auf-dem-
schulhof-zwei-unterrichtsversuche

GRIN - Your knowledge has value

Der GRIN Verlag publiziert seit 1998 wissenschaftliche Arbeiten von Studenten, Hochschullehrern und anderen Akademikern als eBook und gedrucktes Buch. Die Verlagswebsite www.grin.com ist die ideale Plattform zur Veröffentlichung von Hausarbeiten, Abschlussarbeiten, wissenschaftlichen Aufsätzen, Dissertationen und Fachbüchern.

Besuchen Sie uns im Internet:

http://www.grin.com/

http://www.facebook.com/grincom

http://www.twitter.com/grin_com

Bergische Universität- Gesamthochschule Wuppertal

Seminar Didaktik des Sachrechnens

Analyse und Vergleich zwei Unterrichtsversuche

Inhaltsverzeichnis

1 Einleitung

Mein Thema handelt von zwei Unterrichtsversuchen. Beide beschäftigen sich mit dem Thema „Jumbo-Jet". Der erste Unterrichtsversuch mit dem Titel „Der Jumbo-Jet" stammt von Heinrich Winter aus dem Jahre 1984. An diesen Versuch anlehnend und auf ihn zurückgreifend, beschrieb Hartwig Meissner im Jahre 1992 einen weiteren Unterrichtsversuch mit ähnlichem Inhalt. Dieser Versuch hieß „Ein Jumbo auf dem Schulhof".

Zum besseren Verständnis werde ich zuerst die beiden Versuche beginnend bei Heinrich Winter nacheinander vorstellen. Nun können wir gemeinsam die positiven und negativen Aspekte heraussuchen.

Anschließend werden wir die beiden Unterrichtsversuche miteinander vergleichen. Dabei können wir dann überlegen was bei den Versuchen positiv und was negativ ist und welchen Unterrichtsversuch ihr sinnvoller findet und für euch persönlich bevorzugen würdet, wenn ihr Projekttage über das Thema „Jumbo- Jet" vorbereiten würdet.

2 „Der Jumbo- Jet" – von Heinrich Winter

2.1 Voraussetzungen

- Dieser Unterrichtsversuch wurde am Ende des 4. Schuljahres durchgeführt.
- Die Klasse bestand aus 18 Schülerinnen und Schülern.
- Der Versuch dauerte 14 Tage (10 Unterrichtsstunden).

2.2 Didaktischer Wert

- Schüleraktivitäten
- Vergrößerung des allgemeinen Wissensstandes
- Sachkundlich- mathematische Wissensbereicherung
- Übung im Erfassen und Deuten von Daten
- Aktivierung von Vorstellungskräften

- Schulung im Schätzen, Zählen, Vergleichen, Messen, Zeichen und natürlich im Rechnen
- Wiederholung von Maßen
- Aufgaben bezogen sich auf die unmittelbare Umwelt der Schüler (Schule, Klasse, Mitschüler)

2.3 Durchführung des Projektes

1. Stunde: Einstieg in das Thema

Dazu präsentierte die Lehrerin ein Bild aus dem Innenraum eines Busses und erörterte die Frage warum dies kein Bild aus dem Innenraum eines Busses, Eisenbahnwagens oder eines Schiffes sein kann. Dabei entstanden weitere Fragen wie: Wie lange dauert ein Flug von... bis...? Wie viele Fluggäste passen in ein Flugzeug? oder Wie hoch kann ein Flugzeug fliegen?

2. Stunde: Ab der 2. Stunde hatte jedes Kind die folgenden Aufgabenblätter zur Hand. Dabei wurden die Aufgaben auf gesonderten Blättern ausgerechnet und notiert.

2.3.1 Überblick über die Arbeitsblätter

1. Größe

Nennung von Höhe, Länge und Spannweite des Jumbo- Jets

a.) Messung auf dem Schulhof

b.) Vergleich zwischen der Länge des Jumbos und der Länge einer Häuserreihe

c.) Um wie viele m ist der Jumbo höher als ein Haus, eine Laterne?

d.) Wie viele Menschen „übereinandergestapelt" würden die Höhe eines Flugzeuges ergeben?

e.) Abmessung von weiteren Flugzeugmaßen, wie die Länge und Dicke der Triebwerke.

f.) Schätzung und anschließende Berechnung der Größe des Lufthansa- Kranich- Kreises.

g.) Wie viel Gewicht kann ein Rad tragen? Warum gibt es so viele Räder und warum halten sie nur 80 Tage?

2. Sitzangebot des Jumbos

a.) Wie viele Sitzplätze hat ein Jumbo?

b.) Könnte die gesamte Schule darin Platz finden?

c.) Ist das Sitzangebot auf beiden Seiten identisch? Gibt es für Raucher genauso viele Plätze wie für Nichtraucher?

d.) Wie viele Sitze gehören zu der 2. Klasse?

3. Versorgung

a.) Wie viele Toiletten hat der Jumbo? Können alle Passagiere während eines Fluges die Toilette besuchen? Vergleich mit den Verhältnissen an der Schule.

b.) Wie viele Vorratsschränke besitzt der Jumbo und wie viele Essen müssen maximal darin verstaut werden können?

c.) Um wie viele Fluggäste muss sich eine Stewardess kümmern?

d.) Vergleich zwischen der Breite des Jumbos und der Breite des Klassenzimmers.

e.) Wie breit ist ein Flugzeugsitz?

f.) Erklärung des Unterschiedes zwischen einem Flugzeugsitz und einem normalen Stuhl?

4. Geschwindigkeit

a.) Vergleich zwischen der Geschwindigkeit eines Jumbos und der Geschwindigkeit eines Autos, Radfahrers und eines Fußgängers.

b.) Errechnung von Flugzeiten.

c.) Errechnung von der Entfernung in m, die ein Jumbo in einer Sekunde zurücklegt. Vergleich mit einem Läufer?

d.) Phänomenbeschreibung: Warum wird die Geschwindigkeit eines Jumbos von dem Blick von der Erde aus unterschätzt?

5. Höhe

   a.) Wie viele Eifeltürme müssten übereinandergestellt werden, damit die Flughöhe eines Jumbos erreicht wird?

   b.) Nennung zwei hoher Berge zur Darstellung der Flughöhe?

   c.) Warum können Flugzeuge so hoch fliegen?

6. Verbrauch

   a.) Drücke den Kraftstoffverbrauch eines Jumbos während einer Stunde Flugzeit in 10-l-Eimern aus.

   b.) Berechnung des Kraftstoffes bei einem Flug.

   c.) Beschreibung des Kraftstoffvolumens anhand des Klassenzimmers. Für wie viele Stunden und für welche Strecke reicht der volle Tank?

   d.) Ermittlung des Kraftstoffverbrauches eines Jumbos auf 100 km und Vergleich des Kraftstoffverbrauchs eines Jumbos mit dem eines Autos.

   e.) Wie viele Wohnungen können ein Jahr lang mit dem Kraftstoffverbrauch, den ein Jumbo für 6000 km braucht, beheizt werden?

7. Vergleich

   Schätze wie viele Passagiere ein etwa halb so langes Flugzeug wie der Jumbo- Jet fassen kann und begründe die Antwort.

8. Von Frankfurt nach Madrid

   a.) Erstellung einer Zeichnung aus der angegebenen Tabelle.

   b.) Erklärung wann das Flugzeug sehr steil fliegt und warum.

   c.) Wie lange dauert ein 1400 km langer Flug, dabei sollen die Start- und Landephasen mit einberechnet werden.

   d.) Dauert ein doppelt so langer Flug auch doppelt so lange?

2.3.2 positive und negative Aspekte der Arbeitsblätter

positive Aspekte
• unter dem reinen Aspekt der Mathematik und deren verschiedensten Anwendungen können folgende Dinge als positiv genannt werden: - alle vier Grundrechenarten werden angewandt und miteinander in Verbindung gebracht: - z. B. Division 3e   - Die Rechenvorgänge des Überschlagens und Schätzens werden nicht nur angewendet, sondern auch der Sinn, der Zweck wird ersichtlich: - 1b, 1c, 1d, 1f, 3a, 3b, 5a, 6d, 6e   - Umrechnungen   bei Maßstabsaufgaben von mm in m: 1e, 1f   bei Geschwindigkeitsaufgaben von sec zu Std. : 4c   - Einführung bzw. Vertiefung des Begriffes Rauminhalt und Kubikmeter: - 6a   - Geschicktes Zusammenfassen, Bildung von 2er-, 3er- oder 4-er-Reihen: 2a   - Anfertigung einer Grafik und anschließend lesen und erkennen: - 8a   - Vergleiche vollziehen; Was ist der Unterschied zwischen einem Jumbo- Sitz und einem Klassenstuhl; Unterschiede erkennen und sie z. B. in einer Tabelle gegenüberstellen: - 3f, 6d, 6e   • Erkundung des Lernumfeldes: Wie viele Lehrer und Schüler hat die Schule?: 2b   • Erweiterung des Wortschatzes: Steward, Stewardess, Pantry, Triebwerk, ...   • Auseinandersetzung mit Problemen – Problemerarbeitung: - 4d, 5d, 7 (Ein halb so langes Flugzeug bedeutet, dass ein Viertel der Passagiere des Jumbos befördert werden können.)

negative Aspekte

- zu umfangreich - Es ist fraglich, ob alle Aufgaben sowie der Einstieg und die Abschlussbesprechung in 10 Unterrichtsstunden realisierbar sind, vor allem bei Aufgaben bei denen auf dem Schulhof gemessen wird oder wo Probleme diskutiert werden sollen.

- Der Wortschatz dieses Arbeitsblattes sowie die geforderten Arbeitsleistungen sind sehr hoch.

- Es werden zu viele Aspekte angesprochen. Die Aufgaben sind viel zu detailliert. Ich fände es sinnvoller, wenn es eine Beschränkung auf wenige Aspekte gegeben hätte, die die Kinder am meisten interessieren und in ihrer Erfahrungswelt liegen. Diese können dann auch vertieft werden. Ich kann mir nicht vorstellen, dass die Kinder, für die fast alles neu sein wird, so viel aufnehmen und behalten können.

- Es interessiert die Kinder nicht wie groß der Lufthansa- Kranich ist oder wie viele Raucher- und Nichtraucherplätze es gibt.

- Mir fehlt die Betonung der Partner- und Gruppenarbeit, da von dieser nur in den Aufgaben 2c und 2d gesprochen wird.

- zu hoher Schwierigkeitsgrad – Die Umrechnung von 1 mm in der Zeichnung auf 750 mm in der Wirklichkeit ist zu kompliziert (1e). Aber auch die Umrechnungen von sec auf Std. oder von mm und m sind zu schwierig (zu viele Rechenarten).

- Es werden zu viele Rechenarten wie Umrechnen, Schätzen, Überschlagen, Vergleichen, ... sowie Einheiten wie Liter, Kubikzentimeter, Meter, Millimeter, Sekunden, Stunden verwendet. Dies erfordert ein 100 % Wissen und Umsetzen der Kinder, aber für alle Kinder werden die Aufgaben nicht lösbar sein und es wird zu wenig Zeit bleiben für längere Erklärungen und Wiederholungen.

- Die Aufgabenblätter enthalten viel zu viele Fakten, Daten und Tabellen, die nur verwirren und dem eigentlichen Unterrichtsziel nicht dienlich sind.

- Kaum nachahmbar, da über den Aufbau der einzelnen Stunden nichts berichtet wird. Ebenso werden keine Probleme und Schwierigkeiten aufgezeigt $\Rightarrow$ der Unterricht muss perfekt gelaufen sein.

3 „Ein Jumbo auf dem Schulhof" – von Hartwig Meissner

3.1 Voraussetzungen

- Dieser Unterrichtsversuch wurde ebenfalls in einer 4. Klasse durch-geführt.
- Über die Klassenstärke wurde nichts berichtet.
- Dieses Projekt hatte einen Umfang von 6 Unterrichtsstunden wobei jede Stunde unter einem anderen Themenkomplex stand.

3.2 Didaktische Schwerpunkte

- Schüleraktivitäten
- die Größenbereiche des Sachrechenunterrichts sollen wiederholt werden
- Durch das Messen und Vergleichen sollen die Fachinhalte intensiver in der Erfahrungswelt der Schüler verankert werden.
- Vorhandene Größenangaben sollen nicht als Zahlen zum Rechnen angesehen werden, sondern als Bezugsgrößen, die in der Erfah-rungswelt der Schüler wiederzufinden sind.

3.3 Durchführung

Stunde	Inhalt
1. Stunde In einem Jumbo	• Einstieg: Urlaubserinnerungen und Vorstellung der Materialsammlung (Flugzeugprospekte, Sitzpläne, Flugroutenkarten, Speisekarten etc.) • Im Klassenzimmer wird die Gesamtbreite einer Sitzreihe nachgebaut: Breite der Gänge, der Sit-ze, Vergleich mit Klassenstühlen Hilfsmittel sind: Lineal, Zollstock und Bandmaß sowie PVC- Fliesen des Fußbodens (siehe Arbeitsblatt 1)

2. Stunde Passt ein Jumbo auf den Schulhof?	• Auf dem Schulhof wird eine symmetrische Hälfte des Jumbos mit Seilen ausgelegt. Zuvor werden die Umrisse auf einem großen Bogen Packpapier aufgezeichnet. Zu jedem markanten Punkt des Grundrisses wird ein Schülername eingetragen, der sich später draußen an diesem aufstellen soll. • Gemeinsam werden die Abmessungen des Jumbos wiederholt und die Abstände zwischen den einzelnen Schülern auf dem Grundrissplan eingetragen. • Es werden kleine Arbeitsgruppen gebildet, die draußen einen Teil des Flugzeuges mit Hilfe von Bandmaß oder Messrad herstellen soll. • Die Teams müssen zusammenarbeiten, da z. B. eine Gruppe die Achse angibt, an die eine andere den Rumpf anbaut. Dabei entstehen heftige Diskussionen.
3. Stunde Geschwindigkeit	• Geschwindigkeit des Jumbos: 900 km/h • Da die Geschwindigkeit eine abstrakte Größe ist, die sich nur schwer veranschaulichen lässt, wird die Stunde damit begonnen die in der Klasse vorhandenen Erfahrungen zu sammeln und in Beziehung zu setzen. Fußgänger 5km/h 1 Schritt Radfahrer 20km/h 4 Schritte Auto (Stadt) 50km/h 10 Schritte Auto (Autobahn) 150 km/h 30 Schritte Jumbo 900 km/h 180 Schritte • Die in der linken Hälfte der Tabelle angegebenen Zahlen werden gemeinsam zusammenge-

	tragen, wobei die km/h- Angaben vom Lehrer aus den diversen Schülervorschlägen unter dem Gesichtspunkt einfacher ganzzahliger Vielfache selektiv ausgewählt werden.
	• Nun wird die rechte Hälfte der Tabelle angefügt und es wird die Kernfrage beantwortet: Wenn ich als Fußgänger nun einen einzigen Schritt mache, wie weit kommt dann ein Radfahrer, ein Auto usw. in derselben Zeit?
	• Auf dem Schulhof werden die einzelnen Schritt-Entfernungen mit Baustellenhütchen gekennzeichnet.
	• Zurück im Klassenzimmer wird die Angabe 900 km/h weiter vertieft. Wie viele Schritte waren es wohl vom Schulhof bis ins Klassenzimmer und wie weit wäre der Jumbo in derselben Zeit geflogen?
4. Stunde Versorgung und Entsorgung	• In dieser Stunde steht die Gruppenarbeit im Mittelpunkt.
	• 1. Gruppe: Analyse einer Original Speisekarte, deren Text in Englisch und Arabisch durch eine deutsche Übersetzung und zugehörige Gewichtsangaben ergänzt wurde.
	• 2. Gruppe: Beschäftigung mit der Essensverteilung im Jumbo (ähnlich wie bei Winter)
	• 3. Gruppe: Vergleich der Toiletten- Situation der Schule mit der des Jumbos (ähnlich wie bei Winter)
	• 4. Gruppe: Zubereitung eines Salat- Rezeptes des Chefkochs für 20 Personen

5. Stunde Wir fliegen nach Bangkok	• Im Mittelpunkt der Stunde steht die Flughöhe und die Flugentfernungen. • Einstieg: Bild- und Prospektmaterial (Flugzeuge über den Wolken, über verschneiten Bergen etc.) $\Rightarrow$ Ein Jumbo fliegt zwischen 10 und 12 km hoch. • Versammlung um einen Globus: Es wird eine Reise von Paris nach Bangkok geplant. Die direkte Route wird mit Hilfe eines transparenten Maßbandes gekennzeichnet. Die Strecke, die auf dem Globus 25 cm beträgt, ist in Wirklichkeit 10 000 km lang. • Fragen: Welche Länder, Gebirge und Meere werden überflogen? • An der Tafel wird ein Höhenprofil entwickelt (nach 2 cm werden die Alpen überflogen, d. h. nach 800 km). • Mit Hilfe des Höhenprofils und eines Atlasses wird das Arbeitsblatt 2 bearbeitet.
6. Stunde Benzinverbrauch	• Der Tank eines Jumbos fasst 200 000 l. • Wie viel ist das? Der Tankinhalt wird anhand von Kästen, die einen Kubikmeter, also 1000 l fassen veranschaulicht. Frage: Wie viele Kästen, die 1 m lang und 1 m breit sind, werden benötigt? Passen diese in den Klassenraum? Anschließend werden die erforderlichen Mengen für andere Flüge miteinander verglichen. Arbeitsblatt 3

3.3.1 positive und negative Aspekte der Durchführung

positive Aspekte
• Es werden wie bei dem ersten Projekt auch diverse Rechenoperationen angewendet und miteinander verknüpft (jedoch werden die einzelnen Rechenoperationen nicht mehrmals angewendet, sondern ein Vergleich z. B. zwischen Klassenstuhl und Jumbo – Jet- Stuhl genügt).
• Die Planung nach einzelnen Stunden sowie die zahlreichen didaktischen Hinweise ermöglichen es viel leichter dieses Projekt nachzuahmen.
• Die Anforderungen stimmen mit der Anzahl der Unterrichtsstunden überein.
• Jede Stunde steht unter einem anderen Themenbereich ⇒ viel strukturierter.
• Jeder Themenschwerpunkt wird praktisch und theoretisch erarbeitet. Es werden nicht nur Aufgaben gerechnet, sondern die Kinder lernen durch ihr eigenes Handeln.
• Die persönlichen Erfahrungen der Schüler werden miteinbezogen und ihr Wissen wird erweitert und ausgebaut.
• Der Schwerpunkt liegt auf der Partner- und Gruppenarbeit.
• Das Hauptziel ist es, die „Vorgänge eines Jumbos" auf die Erfahrungswelt der Schüler zu beziehen: - siehe Geschwindigkeit.
• Individuelle Interessen und Neigungen der Schüler wird entsprochen. So können sie z. B. bei der Gruppenarbeit in der 4. Stunde auswählen, welches Thema sie am liebsten bearbeiten wollen.
• sehr viel praktisches Arbeiten

negative Aspekte
• Mir sind keine nennenswerten negativen Aspekte aufgefallen.

4 Vergleich der beiden Unterrichtsversuche
Welcher Unterrichtsversuch ist sinnvoller?

Heinrich Winter	Hartwig Meissner
• Diesen Unterrichtsversuch finde ich aus rein mathematischer Sicht akzeptabel, aber unter Einbeziehung der Didaktik lehne ich diesen ab. Die Unterrichtsreihe besteht aus viel zu vielen Aufgaben, die dann wiederum sehr ins Detail gehen. Ein so spezifisches Wissen interessiert einerseits aber nicht alle Schüler und andererseits können nicht alle diese Anforderungen erfüllen. Des Weiteren werden die Kinder mit Zahlen und Fakten überschüttet, die sie nicht verstehen können, sondern die sie nur verwirren. Es wird kaum ein Wert darauf gelegt, dass die Kinder ihre Erfahrungen erweitern, sondern nur auf das Aufzählen und Erkennen von Fakten, die aber auf Grund der Fülle sowie so nicht verinnerlicht werden können. Schlecht finde ich auch, dass kein Wert auf Partner- und Gruppenarbeit gelegt wird sowie selbständiges Arbeiten und Diskutieren nicht gefördert wird.	• Ich finde diese Unterrichtsreihe sehr gut, da jede Stunde unter einem anderen Themenschwerpunkt steht. Des weiteren wird immer auf die Erfahrungswelt der Schüler zurückgegriffen und die Daten des Jumbos auf die Erfahrungen der Schüler „zurückgemünzt". Auch bieten die vielfältigen Angebote jedem Schüler Platz seine Interessen und Schwerpunkte auszuleben. Ein weiterer Pluspunkt ist, dass ein großer Wert auf Partner- und Gruppenarbeit sowie auf Diskussionen und selbständiges Problemlösen gelegt wird.

5 Literaturverzeichnis

1.) Winter, H.: Der Jumbo- Jet. Bericht über einen Unterrichtsversuch und Hinweise zu den Aufgaben. In: Mathematik Lehren. 6 (1984), S. 14 – 19.

2.) Meissner, H.: Ein Jumbo auf dem Schulhof. In: Mathematische Unterrichtspraxis (1992, Heft 3), S. 19 – 26.